Heft 1. 18. Sept. 1898.

Berichte

des

Verbandes der Laboratoriums-Vorstände

an deutschen Hochschulen.

Inhalt:

Leipzig
VEIT & CO.
1898.

A.

Das Braunschweiger Statut

des Verbandes der Laboratoriums-Vorstände an deutschen Hochschulen.

---

1. Zur Pflege und Förderung des chemischen Unterrichtes an den deutschen Universitäten und technischen Hochschulen bilden die Vorstände der chemischen Unterrichtslaboratorien einen Verband, der den Namen

„Verband der Laboratoriums-Vorstände an deutschen Hochschulen“

führt und seinen Sitz in München hat.

2. Mitglied des Verbandes wird auf seinen Antrag jeder Vorstand eines chemischen Unterrichtslaboratoriums an einer der unter 1. genannten Anstalten.

3. Der Verband verfolgt seine Zwecke:

a) durch den Verkehr mit Behörden und anderen Körperschaften

b) durch Vereinbarungen über gemeinsame Maassnahmen zur Sicherung einer gründlichen Ausbildung der Studirenden;

c) durch die Herausgabe einer Verbandszeitschrift;

d) durch den persönlichen Verkehr der Mitglieder.

4. Die Angelegenheiten des Verbandes werden durch einen Vorstand geleitet, der aus folgenden Gliedern besteht:

Erster und zweiter Vorsitzender;
Schriftführer, zugleich Leiter der Verbandszeitschrift;
Schatzmeister;
Zwei Beisitzer.

Die Glieder des Vorstandes werden auf je drei Jahre gewählt; jährlich scheiden zwei von ihnen aus; Wiederwahl ist zulässig.

5. Der Verband tritt in der Regel jährlich zu einer Hauptversammlung zusammen, welche den Rechenschaftsbericht des Vorstandes entgegennimmt, die Wahlen ausführt, über Zeit und Ort der nächsten Versammlung, sowie über eingelaufene Anträge beschliesst.

Die Hauptversammlung beschliesst mit einfacher Mehrheit; für Satzungsänderungen ist Zweidrittelmehrheit erforderlich.

Ausserordentliche Versammlungen können durch den Vorstand und müssen auf Antrag von einem Drittel der Mitglieder einberufen werden.

Der Verband stellt sich zunächst folgende Aufgaben:

Zum Abschluss der Vorbildung der Studirenden findet eine praktische Prüfung in qualitativer, quantitativer und Maass-Analyse, ferner eine mündliche Prüfung in der unorganischen, analytischen Chemie und in den Elementen der organischen Chemie statt, welche in der Regel durch den unmittelbaren Lehrer des Studirenden (Assistent, Abtheilungsvorstand) in Gegenwart des Directors abgenommen wird. Diese Prüfung ist einheitlich an allen dem Verband angehörigen Laboratorien, sie steht in keinem Zusammenhange mit dem Doctor- oder Diplom-Examen oder mit der Frage des Staatsexamens und gilt nur als Ausweis über die vom Verbande geforderten Kenntnisse.

Der Verband sieht es ferner als seine Aufgabe an, den Studirenden der technischen Hochschulen die Zulassung zur Promotion, sowie umgekehrt den Studirenden der Universitäten die Zulassung zu den Diplomprüfungen möglichst zu erleichtern.

Endlich soll der Verband eine corporative Vertretung gegenüber Behörden, Ministerien etc. bilden.

Die Verbandszeitschrift soll in ihrem amtlichen Theile bringen:

Verzeichnisse der Studirenden, welche

a) die Verbandsprüfung bestanden;
b) Schlussprüfungen an technischen Hochschulen machten;
c) den Doctortitel erwarben; in letzterem Falle soll an die Spitze gestellt werden das Laboratorium, in welchem, und der Lehrer, bei welchem die Arbeit ausgeführt wurde, ferner die Titel der Dissertation und endlich der Promotionsort.

Der Verband ist in Braunschweig am 19. September 1897 gegründet worden und trat mit dem 1. April 1898 in Thätigkeit.[1]) Zu Vorstandsmitgliedern wurden in Braunschweig gewählt:

Erster Vorsitzender:	**von Baeyer**-München.
Zweiter Vorsitzender:	**Bunte**-Karlsruhe.
Erster Beisitzer:	**Emil Fischer**-Berlin.
Zweiter Beisitzer:	**Ernst von Meyer**-Dresden.
Schriftführer und Leiter der Zeitschrift:	**Ostwald**-Leipzig.
Schatzmeister:	**Liebermann**-Berlin.

---

[1]) Das Geschäftsjahr des Verbandes beginnt am 1. October. Als Jahresbeitrag ist die Summe von zehn Mark an den Schatzmeister Herrn Prof. Dr. Liebermann, Berlin W., Matthäikirchstr. 29 durch Postanweisung mit bezügl. Vermerk einzusenden.

B.

Ausführungsbestimmungen für die Verbandsprüfung

angenommen in der Verbandsversammlung vom 12. März 1898.

§ 1.

Das Verbandsexamen besteht aus einer praktischen Prüfung in qualitativer, quantitativer und Maass-Analyse und ferner in einer mündlichen Prüfung in analytischer und unorganischer Chemie, sowie in den Elementen der organischen Chemie.

§ 2.

Der Zweck dieser Prüfung ist ein dreifacher. Für die Studirenden soll dieselbe ein Abschluss für die Vorbereitungsstudien sein. Den Laboratoriumsvorständen soll dadurch ein Mittel an die Hand gegeben werden, um einerseits zu controlliren, ob die in ihrem Laboratorium arbeitenden Studirenden nach allen Seiten hin in der elementaren Chemie hinreichend ausgebildet sind; und anderseits die fremden Studirenden, welche von anderen Hochschulen oder von Privatlaboratorien kommen, auf ihre Kenntnisse zu prüfen und eventuell zu einer Repetition zu veranlassen. Drittens soll die Prüfung den Industriellen oder anderen Personen, welche Chemiker anstellen, eine Garantie dafür geben, dass der Bewerber die nothwendigen elementaren Kenntnisse besitzt. Die bisherigen Einrichtungen haben erfahrungsgemäss hierfür nicht ausgereicht.

§ 3.

Da durch die Verbandsprüfung eine gleichmässige Ausbildung der Studirenden in den Elementen erzielt werden soll, so ist selbstverständlich, dass die Anforderungen an allen Hochschulen in sachlicher Beziehung einheitlich sein müssen. Dagegen kann die Form, in der sich der Lehrer von dem Vorhandensein der geforderten Kenntnisse überzeugt, eine verschiedene sein. So kann z. B. an technischen Hochschulen ein Verbandszeugniss auf Grund einer Diplomvorprüfung oder einer Schlussprüfung ausgestellt werden, wenn in letzteren mindestens ebensoviel verlangt wird als in ersterer. Auch an Universitäten soll kein besonderer Modus für das Examen vorgeschrieben werden. Es bleibt dem Examinator überlassen, wie er sich von dem Vorhandensein der Kenntnisse überzeugen will, er haftet aber durch seine Namensunterschrift dafür, dass der Candidat zur Zeit der Prüfung die vom Verbande geforderten Kenntnisse besessen hat. Verbandszeugnisse auf Grund der Versicherung eines Studirenden, dass er die geforderten Kenntnisse besitze, oder auf das Zeugniss eines anderen Lehrers hin auszustellen, ist daher unzulässig. Was die Ausführung der praktischen Prüfung betrifft, so kann die Ueberwachung derselben von dem Vorstande einem Abtheilungsvorstand oder Assistenten übertragen werden, der Vorstand übernimmt aber persönlich die Verantwortung und bescheinigt das Bestehen der Prüfung durch seine Namensunterschrift. In

Laboratorien, wo ein Laboratoriumsjournal eingeführt ist, kann das Bestehen der praktischen Prüfung auch auf Grund dieses Journals bezeugt werden.

§ 4.

Die praktische Prüfung und die mündliche Prüfung in der analytischen und in der unorganischen Chemie muss an ein und derselben Hochschule innerhalb sechs Monaten abgelegt werden. So kann z. B. die praktische Prüfung am Ende des Sommersemesters, die mündliche zu Anfang des Wintersemesters stattfinden. Stets muss aber die praktische Prüfung der mündlichen vorangehen. Verbandszeugnisse über die praktische Prüfung allein haben daher an einer anderen Hochschule keine Gültigkeit.

Die mündliche Prüfung in organischer Chemie kann auch an einer anderen Hochschule und zu einer beliebigen Zeit abgehalten werden.

§ 5.

Als erstrebenswerthes Ziel wird hingestellt, dass der Examinator nur solche Studirende examinirt, die in seinem Laboratorium gearbeitet haben. Den thatsächlichen Verhältnissen entsprechend, ist es indessen auch gestattet, fremde Studirende zu prüfen, namentlich auch solche, welche auf ausländischen Anstalten studirt haben. Beanspruchen können die Zulassung indessen nur diejenigen, welche mindestens ein Semester in dem betreffenden Laboratorium gearbeitet und sich nach Ansicht des Vorstandes die nöthigen Kenntnisse erworben haben. Der Eintritt in den Verband verpflichtet den Laboratoriumsvorstand, solche Studirende zu prüfen, während die Prüfung von anderen seinem freien Ermessen anheimgestellt wird. Die Prüfung erfolgt auf Antrag des Studirenden oder auf Wunsch des Vorstandes. Besteht der Studirende die Prüfung nicht, so wird auch kein Zeugniss ausgestellt. Vorschriften über die Wiederholung der Prüfung werden nicht gegeben.

Die Verbandsmitglieder sind verpflichtet, nur solchen Studirenden, welche die Verbandsprüfung bestanden haben, ein Thema für eine Doctor- oder Diplomarbeit zu geben.

§ 6.

Umfang der Verbandsprüfung.

Die praktische Prüfung.

Die praktische Prüfung zerfällt in drei Theile:

a) Ausführung einer qualitativen Analyse.

In dieser Prüfung wird gefordert, dass der Candidat in einem eigens zu diesem Zweck dargestellten Gemisch alle Bestandtheile nachweist. Das Gemisch soll eine grössere Anzahl von Stoffen enthalten, aber nur solche, welche in dem allgemein üblichen Gang der Analyse vorkommen.

b) Quantitative Analyse.

In der quantitativen Analyse wird das Hauptgewicht auf die Genauigkeit der Bestimmung gelegt. Dem Candidaten ist die qualitative Zusammensetzung der Mischung mitzutheilen, er hat darin zwei bis drei Stoffe, deren Trennung und Bestimmung in dem üblichen analytischen Gang vorkommen, quantitativ zu bestimmen.[1])

c) Maassanalytische Aufgabe.

Bei diesem Theile der Prüfung muss der Candidat alle zur Verwendung kommenden Normallösungen selbst darstellen.

Die mündliche Prüfung.

Die mündliche Prüfung zerfällt in drei Abschnitte:

a) Analytische Chemie.

In der qualitativen Analyse soll der Candidat den Nachweis der in dem üblichen Gang vorkommenden Stoffe kennen. In der quantitativen Analyse wird die Kenntniss der Trennungs- und Bestimmungsmethoden der wichtigeren Elemente und ihrer Verbindungen verlangt.

b) Unorganische Chemie.

In diesem Fache wird die Kenntniss der Disciplin in dem Umfange gefordert, wie sie in der Regel in den Vorlesungen über unorganische Experimentalchemie vorgetragen wird.

c) Organische Chemie.

Kenntniss der Grundzüge der organischen Chemie.

v. Baeyer, Vorsitzender.
Ostwald, Schriftführer.

---

[1]) Da die Ansichten über das, was in der quantitativen Analyse gefordert werden muss, ziemlich weit auseinander gehen, sind im Folgenden einige Beispiele von Aufgaben aufgeführt:

1. Gemisch von Chlorkalium und Jodkalium.
   In einer Portion ist Jod und Chlor zu bestimmen, in einer zweiten Alkali als Sulfat.
2. Kupfersulfat und Mohr'sches Salz.
   In einer Portion Kupfer und Eisen.
3. Kupfersulfat und Zinksulfat.
   In einer Portion Kupfer und Zink, in einer zweiten Schwefelsäure.
4. Magnesiumsulfat und Kaliumsulfat, nicht das Doppelsalz.
   In einer Portion Magnesium und Kalium, in einer zweiten Schwefelsäure.
5. Quecksilberchlorid und Wismuthnitrat.
6. Chromalaun und Thonerdealaun.
7. Kaliumpermanganat und Kupfersulfat.
8. Chlorkalium, Chlornatrium, Chlorammonium.
   In einer Portion Kalium und Natrium, in einer zweiten Chlor.
9. Schwefelkadmium und Zinnober mit Schwefel gemengt.
   Schwefel durch Schmelzen zu oxydiren als Baryumsulfat zu bestimmen.
10. Reiner Orthoklas und Quarzpulver.
    Kieselsäure- und Thonerdebestimmung.

C.

Mitgliederverzeichniss S.-S. 1898.

Prof. R. **Anschütz**, Bonn, Chemisches Univers.-Laborat.

» A. v. **Baeyer**, München, Arcisstr. 1.
» E. **Beckmann**, Leipzig, Brüderstr. 34, Chem. Univers.-Laborat. für angew. Chemie.
» H. **Beckurts**, Braunschweig, Technische Hochschule.
» R. **Behrend**, Hannover, Technische Hochschule.
» J. **Bredt**, Aachen, Technische Hochschule.
» H. **Bunte**, Karlsruhe, Technische Hochschule.

» L. **Claisen**, Kiel, Chem. Univers.-Laborat.
» A. **Classen**, Aachen, Technische Hochschule.
» A. **Claus**, Freiburg i. B., Chem. Univers.-Laborat.
» Th. **Curtius**, Heidelberg, Chem. Univers.-Laborat.

» O. **Dieffenbach**, Darmstadt, Technische Hochschule.
» K. **Elbs**, Giessen, Physik.-chem. Univers.-Laborat.
» C. **Engler**, Karlsruhe, Technische Hochschule.

» E. **Fischer**, Berlin NW., I. Chem. Univers.-Laborat.
» O. **Fischer**, Erlangen, Chem. Univers.-Laborat.
» W. **Hempel**, Dresden, Technische Hochschule.
» A. **Hantzsch**, Würzburg, Chem. Univers.-Laborat.
» C. **Häussermann**, Stuttgart, Technische Hochschule.
» C. **Hell**, Stuttgart, Technische Hochschule.
» A. **Hilger**, München, Chem. Univers.-Laborat. für angewandte Chemie, Leopoldstr. 42.
» J. H. **van't Hoff**, Charlottenburg, Uhlandstr. 2.
» C. G. **Hüfner**, Tübingen, Physiolog.-chem. Univers.-Laborat.

» H. **Kiliani**, Freiburg i. B., Chem. Univers.-Laborat.
» H. **Klinger**, Königsberg i. Pr., Pharmaceut.-chem. Univers.-Laborat.
» L. **Knorr**, Jena, Chem. Univers.-Laborat.
» Fr. **Krafft**, Heidelberg, Plöckstr. 83.

» A. **Ladenburg**, Breslau, Chem. Univers.-Laborat.
» H. **Landolt**, Berlin NW., II. Chem. Univers.-Laborat.
» C. **Liebermann**, Charlottenburg, Technische Hochschule.
» H. **Limpricht**, Greifswald, Chem. Univers.-Laborat.
» C. **Lintner**, München, Technische Hochschule.
» W. **Lossen**, Königsberg i. Pr., Chem. Univers.-Laborat.

Prof. L. **Medicus**, Würzburg, Chem. Univers.-Laborat.
» E. v. **Meyer**, Dresden, Technische Hochschule.
» R. **Meyer**, Braunschweig, Technische Hochschule.
» A. **Michaelis**, Rostock i. Meckl., Chem. Univers.-Laborat.
» R. **Möhlau**, Dresden, Technische Hochschule.

» A. **Naumann**, Giessen, Chem. Univers.-Laborat.
» W. **Nernst**, Göttingen, Institut f. Elektrochemie u. physikalische Chemie a. d. Univers.

» H. **Ost**, Hannover, Technische Hochschule.
» W. **Ostwald**, Leipzig, Physik.-chem. Institut d. Univers.
» R. **Otto**, Braunschweig, Technische Hochschule.

» C. **Paal**, Erlangen, Univers.-Laborat. für angewandte Chemie.
» H. v. **Pechmann**, Tübingen, Chem. Univers.-Laborat.
» Th. **Poleck**, Breslau, Pharmaceut.-chem. Laborat. d. Univers.

» F. **Rüdorff**, Charlottenburg, Technische Hochschule.

» H. **Salkowski**, Münster i. W., Chem. Laborat. der Akademie.
» E. **Schmidt**, Marburg i. H., Chem. Univers.-Laborat.
» G. **Schulz**, München, Technische Hochschule.
» H. **Schwanert**, Greifswald, Chem. Univers.-Laborat.
» K. **Seubert**, Hannover, Technische Hochschule.
» M. **Siegfried**, Leipzig, Physiolog. Institut d. Univers.
» W. **Städel**, Darmstadt, Technische Hochschule.

» F. **Tiemann**, Berlin NW., I. Chem. Univers.-Laborat.

» O. **Wallach**, Göttingen, Chem. Univers.-Laborat.
» H. **Wichelhaus**, Berlin, Techn.-chem. Laborat. der Universität.
» J. **Wislicenus**, Leipzig, I. Chem. Univers.-Laborat.
» O. N. **Witt**, Charlottenburg, Technische Hochschule.

» Th. **Zincke**, Marburg i. H., Chem. Univers.-Laborat.

Auf Grund der Braunschweiger Statuten sind bis zum 15. September 1898 folgende Register der abgelegten Prüfungen an den Schriftführer des Verbandes eingesandt worden:

D.

Register der Verbandszeugnisse.

Technische Hochschule Aachen. Sommer-Semester 1898. Vorstand: **A. Classen.**

Aufgedruckte No. der Zeugnisskarte	Vorname	Zuname	Geburtsort	Vorbildung	Examinatoren	Datum der Ausfertigung
661	Friedrich	Groll	Renteria (Spanien)	—	Classen Bredt	14. Juni 1898
662	Quirin	Schramm	Aachen	—	Classen Bredt	14. Juni 1898
663	Franz	Vossen	Aachen	—	Classen Bredt	21. Juli 1898

I. Chemisches Laboratorium der Universität Berlin. Sommer-Semester 1898. Vorstand: **Emil Fischer.**

31	Abraham	Katzenellenbogen	Wilna (Russland)	—	Emil Fischer	14. Mai 1898
32	Henry R.	Jessel	Buffalo, N.-Y.,U. S.A.	—	Emil Fischer	14. Mai 1898

II. Chemisches Institut der Universität Berlin. Sommer-Semester 1898. Vorstand: **H. Landolt.**

211	Joseph	Goldhaber	Warschau	—	Prof. Jahn	29. April 1898
212	Werner	Esch	Duisburg	Real-Gymn.	Prof Landolt	2. Mai 1898
213	Fritz	Stechele	Jena	Real-Gymn.	Prof. Landolt	25 Juli 1898
214	Wilhelm	Klemm	Riga	Gymnasium	Dr. Marckwald	25. Juli 1898
215	Erwin	Meyer	Hannover	Real-Gymn.	Prof. Landolt	29. Juli 1898
216	Milan	Metelka	Agram	Gymnasium	Prof. Jahn	29. Juli 1898
217	Max	Reuter	Halle a. S.	Gymn. (ohne Reifezeugn.)	Prof. Landolt	29. Juli 1898

Organisches Laboratorium der Königl. Techn. Hochschule zu Berlin.

Sommer-Semester 1898. Vorstand: C. Liebermann.

Aufgedruckte No. der Zeugnisskarte	Vorname	Zuname	Geburtsort	Vorbildung	Examinatoren	Datum der Ausfertigung
451	Martin	Auerbach	Posen	Reifezeugn. Realgymnasium	C. Liebermann	25. Mai 1898
452	Fritz	Wiedermann	Breslau	Reifezeugn. Humanist. Gymnasium	C. Liebermann Rüdorff	25. Mai 1898
453	Paul	Günther	Berlin	Reifezeugn. Oberrealsch.	C. Liebermann Rüdorff	25. Mai 1898
454	Willy	Mouthey	Berlin	Reifezeugn. Oberrealschule	C. Liebermann Rüdorff	25. Mai 1898
465	Emil	Hoyer	Warschau	Reifezeugn. Gymnasium	C. Liebermann Rüdorff	29. Juli 1898
466	Alfred	Glawe	Moltzahn	Reifezeugn. Gymnasium	C. Liebermann Rudorff	22. Juli 1898

Anorganisches Laboratorium der Königl. Techn. Hochschule zu Berlin.

Sommer-Semester 1898. Vorstand: F. Rüdorff.

	Georg	Schaumann	S. Paolo (Brasilien)	Apotheker	Prof. Dr. Rüdorff Dr. Stavenhagen	2. Juli 1898
	Richard	Maures	Sulzbach	Abiturient	Prof. Dr. Rüdorff Dr. Stavenhagen	2. Juli 1898
	Friedrich	Wagenmann	Wien	Abiturient	Prof Dr. Rüdorff Dr. Stavenhagen	2. Juli 1898
	Fritz	Blatter	Wiebelskirchen (Trier)	Abiturient	Prof. Dr. Rüdorff A. Schulz	2. Juli 1898
	Arnold	Lazarowitz	Bukarest	Abiturient	Prof. Dr. Rüdorff A. Schulz	2. Juli 1898
	Willy	Kutzner	Berlin	Ober-Prima	Prof. Dr. Rüdorff O. Kühling	4. Juli 1898

Anorganisches Laboratorium der Königl. Techn. Hochschule zu Berlin.

Sommer-Semester 1898. Fortsetzung.

Aufgedruckte No. der Zeugnisskarte	Vorname	Zuname	Geburtsort	Vorbildung	Examinatoren	Datum der Ausfertigung
	Heinrich	Melsbach	Krefeld	Ober-Sekunda	Prof. Dr. Rüdorff O. Kühling	4. Juli 1898
	Walther	Albrecht	Potsdam	Abiturient	Prof. Dr. Rüdorff O. Kühling	4. Juli 1898
	Wilhelm	Schulze	Potsdam	Abiturient	Prof. Dr. Rüdorff O. Kühling	4. Juli 1898
	Julius	Hoffmann	Zgierz	Abiturient	Prof. Dr. Rüdorff O. Kühling	4. Juli 1898
	Henry	Favre-Brandt	Yokohama Japan	Abiturient	Prof. Dr. Rüdorff O. Kühling	4. Juli 1898
	Otto	Poppenberg	Charlottenburg	Abiturient	Prof Dr. Rüdorff Dr. Nap	6. Juli 1898
	Ivar	Moltke-Hausen	Drammin (Norwegen)	Abiturient	Prof. Dr. Rüdorff Dr. Nap	6. Juli 1898
	Simon	Lindenbaum	Witten a Rh.	Abiturient	Prof. Dr. Rüdorff Dr. Nap	6. Juli 1898
	Rudolph	Seldis	Berlin	Ober-Prima	Prof. Dr. Rüdorff Dr. Nap	6. Juli 1898
	Paul	Kattwinkel	Wermelskirchen	Abiturient (Real-Gym.)	Prof Dr. Rüdorff Dr. Nap	13. Juli 1898

Technologisches Laboratorium der Königl. Techn. Hochschule zu Berlin.

Sommer-Semester 1898. Vorstand: O. N. Witt.

821	Josef	Bunimowicz	Wolosin (Russland)	Real- u. Handelsschule Pfungstadt.	Witt	8. Juli 1898
822	Boris	Kalmanok	Moskau	Moskauer Handelssch.	Pr. Pr. Witt Anal. u. anorgan. ch. Rüdorff Organ. ch. Liebermann	21. Juli 1898
823	Erich	Sommerhoff	Zürich (Schweiz)	Kantonschule Zürich	Witt	21. Juli 1898

Chemisches Universitäts-Laboratorium Bonn. Sommer-Semester 1898.
Vorstand: R. Anschütz.

Aufgedruckte No. der Zeugnisskarte	Vorname	Zuname	Geburtsort	Vorbildung	Examinatoren	Datum der Ausfertigung
341	Fritz	Schmitz	München-Gladbach	Oberrealsch. Reifezeugn.	Professor Anschütz, Dr. G. Schroeter.	4. Aug. 1898
342	Josef	Wagner	Cöln a. Rh.	Oberrealsch., bis Obersekunda (ausgeschl.)	Professor Anschütz, Dr. Anspach.	10. Aug. 1898

Laboratorium für synthetische und pharmaceutische Chemie der Techn. Hochschule in Braunschweig. Sommer-Semester 1898.
Vorstand: H. Beckurts.

272	Alfred	Kogel	Gotha	Real-Gymn.	Beckurts Troeger	26. Juli 1898

Laboratorium für analytische und technische Chemie der Techn. Hochschule zu Braunschweig. Sommer-Semester 1898.
Vorstand: R. Meyer.

621	Johann	Möller	Caracas (Venezuela)	—	R. Meyer	21. Juli 1898
622	Arnold	Bernstein	Berlin	—	R. Meyer	21. Juli 1898

Chemisches Institut Breslau. Sommer-Semester 1898.
Vorstand: A. Ladenburg.

191	Guido	Doctor	Wien	Abit. einer Oberrealsch.	Prof. Küster Prof. Ladenburg	2. Mai 1898
192	Leopold	Bleier	Littitz (Böhmen)	Abit. einer Oberrealsch	Prof. Küster Prof Ladenburg	3. Mai 1898
193	Carl	Krannich	Zabrze (Oberschl.)	Abit. eines Real-Gymn.	Prof. Küster	11. Mai 1898
194	Paul	Friehmelt	Frankf a. M.	Abit. einer Oberrealsch.	Dr. Scholtz Prof. Ladenburg	2. Juni 1898
195	Salo	Stern	Kattowitz	Nichtabit ein. Gymnasium	Dr. Scholtz Prof. Ladenburg	13. Juni 1898
196	Carl	Seydel	Reichenbach (Schlesien)	Abit. eines Gymnasium	Dr. Scholtz Prof. Ladenburg	24. Juni 1898

Technische Hochschule Dresden. Sommer-Semester 1898.

Vorstände: W. Hempel und E. v. Meyer.

Aufgedruckte No. der Zeugnisskarte	Vorname	Zuname	Geburtsort	Vorbildung	Examinatoren	Datum der Ausfertigung
631	Paul	Schönherr	Borstendorf (Sachsen)	Tech. Staats-lehranstalten Chemnitz	Dr. W. Hempel Dr. E. v Meyer	9. Mai 1898
632	Kurt	Brink	Jauer (Preussen)	Gymnasium	Dr. W. Hempel. Dr. E. v. Meyer	20. Juli 1898
633	Hans	Böttcher	Chemnitz (Sachsen)	Gymnasium	Dr. W. Hempel Dr. E v. Meyer	20. Juli 1898
634	Thaddäus	v. Findeisen	Warschau	Russ. Gymnasium	Dr. W. Hempel Dr. E v Meyer	20. Juli 1898
635	Wilhelm	Lax	Dresden	Real-Gymn	Dr. W. Hempel Dr E. v. Meyer	20. Juli 1898
636	Walter	Rätze	Reichenberg (Böhmen)	Oesterr. Oberrealschule	Dr. W. Hempel Dr. E. v. Meyer	20. Juli 1898

Chemisches Laboratorium der Königl. Bayr. Universität Erlangen.

Sommer-Semester 1898.

Vorstand: O. Fischer.

671	Gustav Adolf	Bruhn	Itzehoe (Holstein)	Apotheker	Dr. Stolberg Dr. Busch Dr. O. Fischer	18. Juli 1898
672	Adolf	Gloz	Neresheim (Württemb.)	Apotheker	Dr. Stolberg Dr. Busch Dr. O. Fischer	19. Juli 1898
673	Friedrich	Linnemann	Delmenhorst	Abiturient d. Real-Gymn.	Dr Stolberg Dr. Busch Dr. O. Fischer	19. Juli 1898

Medic. Abteilg. des chem. Laboratoriums der Universität Freiburg, Baden.

Sommer-Semester 1898.

Vorstand: H. Kiliani.

401	Gabriel	van Oordt	Karlsruhe	—	Kiliani	1. Juni 1898

Physik.-Chem. Laboratorium der Universität Giessen. Sommer-Semester 1898.
Vorstand: K. Elbs.

Aufgedruckte No. der Zeugnisskarte	Vorname	Zuname	Geburtsort	Vorbildung	Examinatoren	Datum der Ausfertigung
511	Bernhard	Schwarz	Giessen	—	Prof Elbs Dr. Rohde, R. Illig	6. Mai 1898
512	Adolf	Koch	Frankf. a. M.	Abit. Gymn	Prof. Elbs Dr. Rohde, R. Illig	16. Juni 1898
513	Eugen	Frisch	Wiesbaden	Abit Real-Gymnasium	Prof. Elbs, Dr. Rohde, R. Koch	13 Aug. 1898
514	Otto	Saame	Giessen	Abit. Gymn.	Prof. Elbs Dr. Rohde, R. Koch	15. Aug. 1898
515	Hans	Henze	Giessen	Abit. Gymn.	Prof. Elbs Dr. Rohde, R. Koch	18. Aug. 1898

Chemisches Laboratorium der Universität Giessen. Sommer-Semester 1898.
Vorstand: A. Naumann.

171	Wilhelm	Eidmann	Stockhausen (Prov. Oberhessen)	Apotheker u. Nahrungsm.-Chemiker	Prof. Dr. Alex. Naumann	25. April 1898
172	Otto	Dieffenbach	Giessen	Realgymn.-Abiturient	Prof. Dr. Alex. Naumann	25. April 1898
173	Erich	Alexander	Agram (Kroatien)	Oberreal-schul-Abit.	Prof. Dr Alex. Naumann	18. Juli 1898

Universitäts-Laboratorium Göttingen. Sommer-Semester 1898.
Vorstand: O. Wallach.

121	Heinrich	Meyer	Hannover	Abit. Hum. Gymnasium	Wallach	18. Juli 1898
122	Karl	Henle	Schulenburg	Abit. Hum. Gymnasium	Wallach	3. Mai 1898
123	Carl	Ohligmacher	Biebrich	Abit. Hum. Gymnasium	Wallach	3. Mai 1898
124	Edgard	Neumann	London	Oxford College	Wallach	11. Mai 1898
125	Theophil	Paradies	Höxter	Abit. Hum. Gymnasium	Wallach	11. Mai 1898
126	Wilhelm	Rath	Jacewo	Abit. Hum Gymnasium	Wallach	18. Mai 1898
127	Erich	Lauffer	Weende	Abit. Hum. Gymnasium	Wallach	18. Mai 1898
128	Hermann	Iggena	Aurich	Abit. Hum Gymnasium	Wallach	18. Juli 1898
129	Wilhelm	Quantz	Hary (Hannover)	Abit. Hum. Gymnasium	Wallach	24. Mai 1898

Universitäts-Laboratorium Göttingen. Sommer-Semester 1898.
Fortsetzung.

Aufgedruckte No. der Zeugnisskarte	Vorname	Zuname	Geburtsort	Vorbildung	Examinatoren	Datum der Ausfertigung
130	Gustav	Adolph	Gardelegen	Abit. Real-Gymnasium	Wallach	25. Mai 1898
131	Hans	Tams	Hamburg	Abit. Real-Gymnasium	Wallach	25. Mai 1898
132	Friedrich	Freist	Marne	Abit. Hum. Gymnasium	Wallach	25. Mai 1898
133	Heinrich	Winter	Minden	Abit. Real-Gymnasium	Wallach	18. Juli 1898

Chemisches Institut der Universität Greifswald. Sommer-Semester 1898.
Vorstand: H. Schwanert.

831	Erich	Clauss	Ornshagen b. Regenwalde (Pommern)	Gymnasium Abiturient	H. Schwanert Limpricht	10. Mai 1898
832	Johannes	Fahrenhorst	Magdeburg	Gymnasium Abiturient	Dr. Posner H. Schwanert	21. Juli 1898

Organisch-Chemisches Laboratorium der Techn. Hochschule Hannover.
Sommer-Semester 1898. Vorstand: R. Behrend.

	Ludwig	Siemonsen	Hadersleben	Gymnasium	Prof. Seubert Prof. Eschweiler Prof. Behrend	6. Mai 1898
	Yngve	Buchholz	Christiania	Gymnasium	Prof. Eschweiler Prof. Seubert Prof. Behrend	7. Juli 1898

Anorganisches Laboratorium der Techn. Hochschule Hannover.
Sommer-Semester 1898. Vorstand: K. Seubert.

851	Wilhelm	Beyme	Pechau	Realgymnas.	Prof. Seubert Prof. Eschweiler Prof. Behrend	6. Juni 1898

Universitäts-Laboratorium Heidelberg. Sommer-Semester 1898.
Vorstand: Th. Curtius.

Aufgedruckte No. der Zeugnisskarte	Vorname	Zuname	Geburtsort	Vorbildung	Examinatoren	Datum der Ausfertigung
62	Theodor	v.Horlacher	Kandau	—	Gattermann	2. Mai 1898
63	Richard	Kastner	Wien	—	Gattermann	2. Mai 1898
64	Theodor	Maas	Weinheim	—	Knoevenagel Jannasch Gattermann	2. Mai 1898
65	Johannes	Reichelt	Leipzig	—	Auwers	2. Mai 1898
66	Albert	Ebner	Stuttgart	—	Auwers	2. Mai 1898
67	Harry	Burrows	Soutgate	—	Auwers	2. Mai 1898
68	Hans	Haager	Waldkirch	Hum. Gymn. Abit.	Knoevenagel Jannasch Gattermann	18 Mai 1898
69	Ernst	Steckhahn	Schladen	—	Gattermann	18. Mai 1898
70	Hans	Heynemann	Hannover	Hum. Gymn. Abit.	Gattermann	7. Juni 1898
71	Rudolph	v. Ergellet	Wien	Hum. Gymn. Abit.	Jannasch Auwers	7. Juni 1898
72	Karl	Pückel	Cassel	—	Jannasch Gattermann	13. Juni 1898
73	Arthur	Baermann	Nieder-Grünstedt	—	Jannasch Auwers	13. Juni 1898
74	Karl	Müller	Mainz	—	Jannasch Gattermann	13. Juni 1898
75	Edmund	Speyer	Frankfurt a. M.	—	Knoevenagel Jannasch Gattermann	18. Juni 1898
76	Fritz	Croner	Berlin	Hum. Gymn. Abit.	Knoevenagel Jannasch Gattermann	21. Juni 1898
77	Rudolf	Glaser	Wiesbaden	—	Gattermann	21. Juni 1898
78	Alfred	Lublin	Neidenburg	Real-Gymn. Abit.	Jannasch Gattermann	23. Juni 1899
79	Hermann	Dellschaft	London	—	Jannasch Auwers	23. Juni 1898
80	Gustav	Schneider	Ludwigshafen a. Rh.	Hum. Gymn. Abit.	Jannasch Auwers	28. Juni 1898
81	Robert	Leimbach	Heidelberg	Hum. Gymn. Abit.	Jannasch Auwers	28. Juni 1898
82	Siegfried	Landsberger	Punitz	—	Jannasch Gattermann	28. Juni 1898
83	Anton	Messerschmidt	Bochum	Oberrealsch. Abit.	Jannasch Gattermann	28. Juni 1898
84	Wilhelm	König	Wiesbaden	—	Knoevenagel Jannasch Gattermann	28. Juni 1898
85	Richard	Noethlichs	Borschweiler	Industriesch. Abit.	Knoevenagel Jannasch Auwers	18. Juli 1898

Universitäts-Laboratorium Heidelberg. Sommer-Semester 1898. Fortsetzung.

Aufgedruckte No. der Zeugnisskarte	Vorname	Zuname	Geburtsort	Vorbildung	Examinatoren	Datum der Ausfertigung
87	Gottfried	Grandel	Augsburg	Industriesch. Abit.	Knoevenagel Jannasch Gattermann	25. Juli 1898
88	Joseph	Broicher	Urbach	—	Auwers	25. Juli 1898
89	Joseph	Manzi	Darmstadt	—	Jannasch Auwers	25. Juli 1898
931	Wassily	Smirnoff	Moscau	—	Knoevenagel Jannasch Gattermann	27. Juli 1898
933	Nachman	Rachmilewitz	Wolkowsk	Hum. Gymn. Ait.	Jannasch Gattermann	29. Juli 1898
934	Owen	Mott	London	—	Knoevenagel Jannasch Auwers	29. Juli 1898
935	Otto	Anselmino	Mannheim	—	Jannasch Auwers	29. Juli 1898
936	Arnold	Rahtjen	Hamburg	Hum. Gymn. Abit.	Knoevenagel Jannasch Auwers	1. Aug. 1898
937	Rudolph	Wehrmann	Goslar	Real-Gymn. Abit.	Jannasch Gattermann	1. Aug. 1898

Laboratorium des Prof. F. Krafft in Heidelberg. Sommer-Semester 1898.

541	Gustav	Heizmann	Todtnau	Abit. der Oberrealsch.	F. Krafft	30. Juni 1898
542	Fritz	Tritschler	Kannstatt	—	F. Krafft	19. Juli 1898
543	Carl	Castendyck	Trarbach	—	F. Krafft	25. Juli 1898
544	Julius	Schlenker	Bremen	Abit. des hum. Gymn.	F. Krafft	29. Juli 1898
545	Adalbert	Mahler	Meienberg (Schw.)	Abit. der Oberrealsch.	F. Krafft	30. Juli 1898

Universitäts-Laboratorium Jena. Sommer-Semester 1889. Vorstand: L. Knorr.

361	Philipp	Siedler	Frankf. a. M.	Real-Gymn.	L. Wolff P. Dudin L. Knorr	10. Mai 1898
362	Walther	Treff	Eckartsberga (Thüringen)	Real-Gymn.	L. Wolff P. Dudin L. Knorr	10. Mai 1898
363	Hans	Zschoche	Sucholona (Schlesien)	Apotheker (mit I. Note)	L. Wolff P. Dudin L. Knorr	10. Mai 1898

Universitäts-Laboratorium Jena. Sommer-Semester 1898. Fortsetzung.

Aufgedruckte No. der Zeugnisskarte	Vorname	Zuname	Geburtsort	Vorbildung	Examinatoren	Datum der Ausfertigung
364	Adolf	Billmann	Seesen a. Harz	Apotheker (mit I. Note)	L. Wolff P. Dudin L. Knorr	10. Mai 1898
365	Carl Friedr.	Heyl	Salzungen	Real-Gymn	L. Wolff P. Dudin L. Knorr	23. Juni 1898
366	Heinrich	Lange	Kahla a. S.	Apotheker (mit I. Note)	L. Wolff P. Dudin L. Knorr	5. Aug. 1898

Universitäts-Laboratorium Kiel. Sommer-Semester 1898.
Vorstand: L. Claisen.

471	Max	Holder	Strehlen	—	L. Claisen	21. Juli 1898
472	Erich	Kedésdy	Berlin	—	L. Claisen	21. Juli 1898
473	Otto	Mohr	Flensburg	Abit. von Real-Gymn.	L. Claisen	21. Juli 1898

Chemisches Laboratorium der Universität Königsberg i. P.
Sommer-Semester 1898. Vorstand: W. Lossen.

441	Wilhelm	Frankenstein	Karlsruhe	Real-Gymn.	W. Lossen	2. Mai 1898
442	Viktor	Funk	Zoppot	Gymnasium	W. Lossen	27. Juli 1898

Laboratorium für angewandte Chemie der Universität Leipzig.
Sommer-Semester 1898. Vorstand: E. Beckmann.

521	Alexander	Sichler	Pratteln bei Basel	—	E. Beckmann	1. April 1898
522	Erwin	Schultz	Edenkoben (Rheinpfalz)	Hum. Gymn.	E. Beckmann	1. April 1898
523	Oscar	Wendler	Strassburg im Elsass	Real-Gymn.	E. Beckmann	1. April 1898
524	Richard	Reich	Herrnhut	—	E. Beckmann	1. April 1898
525	Arthur	Flemming	Borna bei Leipzig	—	E. Beckmann	27. Juni 1898
526	Hermann	Schaeffer	Duisburg a. Rh.	Real-Gymn.	E. Beckmann	5. Juli 1898

Physikalisch-Chemisches Institut der Universität Leipzig.
Sommer-Semester 1898. Vorstand: W. Ostwald.

862	Robert Salmon	Hutton	London	Blundell-school Davonshire	W. Ostwald J. Wagner	19. Juli 1898

Chemisches Laboratorium des physiologischen Institutes Leipzig.
Sommer-Semester 1898. Vorstand: M. Siegfried.

Aufgedruckte No. der Zeugnisskarte	Vorname	Zuname	Geburtsort	Vorbildung	Examinatoren	Datum der Ausfertigung
841	Curt	Störmer	Grosszschocher bei Leipzig	Realschule absolv.	M. Siegfried	23. Mai 1898
842	Ernst	Friedmann	Berlin	Gymnasium absolv.	M. Siegfried	23. Mai 1898
843	Paul	Mühle	Dresden	Gymnasium absolv.	M. Siegfried	23. Mai 1898
844	Paul	Griesmann	Jena	Gymnasium bis Oberprima excl.	M. Siegfried	25. Juli 1898

I. chemisches Universitäts-Laboratorium Leipzig. Sommer-Semester 1898.
Vorstand: J. Wislicenus.

91	Karl Ludw.	Klemm	Reichenbach i. V.	Realgymn. Mat.	J. Wislicenus	30. April 1898
92	Karl	Bosch	Cöln a. Rh.	Oberrealschule Mat	J. Wislicenus	9. Mai 1898
93	Richard Hugo	Fischer	Innsbruck	Oberrealschule Mat.	J. Wislicenus	20. Mai 1898
94	Hermann Richard	Richter	Rosswein i. S.	Höhere Gewerbeschule Chemnitz Diplom	J. Wislicenus	10. Juni 1898
95	Hans Heinr.	Neuenhaus	München	Gymn., Einjährigen-Zeugniss, 2 Jahre chem. Praxis	J. Wislicenus	10. Juni 1898
96	Balduin Georg	Arndt	Leipzig	Realschule Mat. 7 Jahre Kaufmann	J. Wislicenus	14. Juni 1898
97	Otto August	Mohr	Annaberg i. S.	Realgymn. Mat.	J. Wislicenus	14. Juni 1898
98	Balthasar	Gossner	Hürben bei Augsburg	Gymnasium Mat.	J. Wislicenus	12. Juli 1898
99	Karl Max	Thiele	Leipzig	Apotheker Note I	J. Wislicenus	15. Juli 1898
100	Kurt Arthur	Rülke	Annaberg i. S.	Realgymn. Mat	J. Wislicenus	20. Juli 1898
101	Paul Arno	Helmrich	Leipzig	Realgymn. Mat.	J. Wislicenus	23. Juli 1898
102	Heinrich Max	Lummerzheim	Forst i. d. Lausitz	Apotheker Note I	J. Wislicenus	25. Juli 1898
103	Arno	Weiss	Leipzig	Realschule Mat.	J. Wislicenus	28. Juli 1898
104	Karl	Russwurm	Lockwisch Lübeck	Apotheker Note I	J. Wislicenus	28. Juli 1898

I. chemisches Universitäts-Laboratorium Leipzig. Sommer-Semester 1898. Fortsetzung.

Aufgedruckte No. der Zeugnisskarte	Vorname	Zuname	Geburtsort	Vorbildung	Examinatoren	Datum der Ausfertigung
106	Max	Engelmann	Crefeld	Oberrealschule Prima, 3 Sem. Färbereischule	J. Wislicenus	29. Juli 1898
107	Anton	Ulrich	Obora (Böhmen)	Technische Hochschule Prag	J. Wislicenus	1. Aug. 1898
108	Gust. Herm. Arthur	Jahn	Brandenburg i. Pr.	Höhere Gewerbeschule Absolutor.	J. Wislicenus	1. Aug. 1898
109	Herm. Raph. Arthur	Strigel	Wien	Realschule Absolutor., 4 Jahre Praxis	J. Wislicenus	2. Aug. 1898
110	Johs. Wilh.	Wesenberg	Leipzig	Dr. philos.	J. Wislicenus	3. Aug. 1898

Pharmac.-Chem. Institut Marburg. Sommer-Semester 1898. Vorstand: E. Schmidt.

281	Curt	Scheda	Posen	Gymnasium	E. Schmidt	18. Mai 1898
282	Max	Framm	Wismar	—	E. Schmidt	1. Juni 1898
283	Erich	Avé-Lallement	Zanow	—	E. Schmidt	1. Juni 1898
284	Emil	Burkard	Rottweil	—	E. Schmidt	1. Juni 1898

Chemisches Institut Marburg. Sommer-Semester 1898. Vorstand: Th. Zincke.

571	Gustav	Simon	Hambieren	Gymn.-Abit.	Dr. Schenck Prof. Zincke	15. Juni 1898
572	Fritz	Leisse	Meschede	Gymn.-Abit.	Dr. Schenck Prof. Zincke	10. Juni 1898
573	Edmund	Birschel	Gruiten	Real-Gymn. Abitur.	Dr. Schenck Prof. Zincke	23. Juni 1898
574	Robert	Weldert	Wiesbaden	Gymn.-Abit.	Dr Schenck Prof. Zincke	24 Juni 1898
575	Gerhard	Heuser	Köln	Real-Gymn.-Abitur.	Dr. Schenck Prof. Zincke	24. Juni 1898
576	Victor	Bellach	Leipzig		Dr. Schenck Prof. Zincke	27. Juni 1898
577	Friedrich	Schönbeck	Neu-Ruppin		Dr. Schenck Prof. Zincke	27. Juni 1898
578	Wilhelm	Lange	Lippstadt	Real-Gymn.-Abitur.	Dr. Schenck Prof. Zincke	29. Juni 1898
579	Walther	Heyne	Cracou	Real-Gymn.-Abitur.	Dr. Schenck Prof. Zincke	5. Juli 1898
580	Woldemar	Wollenberg	Grodno (Russland)	Gymn.-Abit.	Dr. Schenck Prof. Zincke	5. Juli 1898
581	Engelbert	Meimberg	Münster	—	Dr. Schenck Prof. Zincke	15. Juli 1898

Chemisches Institut Marburg. Sommer-Semester 1898. Fortsetzung.

Aufgedruckte No. der Zeugnisskarte	Vorname	Zuname	Geburtsort	Vorbildung	Examinatoren	Datum der Ausfertigung
582	Erich	Klappert	Cassel	Real-Gymn.-Abitur.	Dr. Schenck Prof. Zincke	17. Juli 1898
583	Wilhelm	Emmerich	Wachtenbach	Real-Gymn.-Abitur.	Dr. Schenck Prof. Zincke	17. Juli 1898
584	Friedrich	Schneider	Dortmund	Real-Gymn.-Abitur.	Dr. Schenck Prof. Zincke	25. Juli 1898
585	Johannes	Steinbach	Hattingen	Gymn.-Abit.	Dr. Schenck Prof. Zincke	29. Juli 1898

Chemisches Universitäts-Laboratorium München. Sommer-Semester 1898.
Vorstand: A. v. Baeyer.

1	Wilhelm	Knell	Heimersheim	Abs. des Real-Gymn.	v. Baeyer	23. April 1898
2	Christian	Füchtbauer	Nürnberg	Abs. des hum. Gymn.	v. Baeyer	25. April 1898
3	Bruno	Schilling	Celle	Abs. des Real-Gymn.	v. Baeyer	25. April 1898
4	Fritz	Günther	Winkel	Abs. des Real-Gymn.	v. Baeyer	12. Juli 1898
6	Nathan	Sulzberger	New-York	Abs. des hum. Gymn.	v. Baeyer	11. Mai 1898
8	Emil	Schäffer	Bendorf	Abs. des Real-Gymn.	v. Baeyer	7. Juni 1898
9	Julius	Sand	Ansbach	Abs. des Real-Gymn.	v Baeyer	18. Juli 1898
10	Nikolaus	Anufrien	Moskau	Abs. d. Gymn. Moskau	v. Baeyer	25. Juli 1898
11	Wilhelm	Graf zu Leiningen	Landshut	Abs. des hum. Gymn	v. Baeyer	28. Juli 1898
12	Rudolf	Benzian	Hamburg	Abs. des hum. Gymn.	v. Baeyer	28. Juli 1898
13	Gerhard	Krüger	Görlitz	Abs. des hum. Gymn.	v. Baeyer	28. Juli 1898
14	Ferdinand	Stockhausen	Cöln	Abs. des Real-Gymn.	v. Baeyer	28. Juli 1898

Laboratorium für angewandte Chemie der Universität München.
Sommer-Semester 1898. Vorstand: A. Hilger.

551	Alfred	Densch	Königsberg	Gymnasial-Absolutor.	Hilger	10. Mai 1898
552	Wilhelm	Bouhor	Mühlheim a. Rh.	Apotheker Staatspr. I. Note	Hilger	20. Mai 1898
553	Hermann	Ley	Lübeck	Apotheker I. Note Staatspr.	Hilger	25. Mai 1898

Laboratorium für angewandte Chemie der Universität München.

Sommer-Semester 1898. Fortsetzung.

Aufgedruckte No. der Zeugnisskarte	Vorname	Zuname	Geburtsort	Vorbildung	Examinatoren	Datum der Ausfertigung
554	Erich	Seitz	Leobschütz	Apotheker Staatspr. I. Note	Hilger	10. Juni 1898
555	Leonhard	Frank	Delmenhorst	Apotheker Staatspr. I. Note	Hilger	2. Juli 1898
556	Wolfram	Dreyfus	Hoboken (N.-Amerika)	Gymnasial-Absolutor.	Hilger	25. Juli 1898

Universität Rostock. Sommer-Semester 1898. Vorstand: A. Michaelis.

291	Johann	Boes	Köln	ex Apotheker	Michaelis (in Gegenw. v. Dr Störmer und Dr. Röhmer)	6. Mai 1898
292	Hermanus	Wenneckes	Gouda (Holland)	Technicum zu Amsterdam (diplomirt)	Michaelis (in Gegenw. v. Dr.Störmer)	16. Mai 1898
293	Ernst	Kornstaedt	Köselitz	ex Apotheker	Michaelis (in Gegenw. v. Dr.Störmer)	26. Mai 1898
294	Sigismund	Kobylinski	Borech	ex Apotheker	Michaelis (in Gegenw. v. Dr.Störmer)	26. Mai 1898
295	Wilhelm	Krahe	Kaster	ex.Apotheker	Michaelis (in Gegenw. v. Dr.Störmer)	26. Mai 1898
298	Paul	Nathansohn	Hammerstein	ex.Apotheker	Michaelis (in Gegenw. v. Dr.Kunckell)	14. Juni 1898
299	Viktor	Faber	Fidlin b Danzig	ex.Apotheker	Michaelis (in Gegenw. v Dr.Kunckell)	24. Juni 1898
300	Georg	Hecker	Frankfurt a. O.	ex Apotheker	Michaelis (in Gegenw. v. Dr.Störmer)	27. Juni 1898
301	Karl	Eller	Alzey	ex.Apotheker	Michaelis (in Gegenw. v. Dr.Störmer)	27. Juni 1898
302	Rudolf	Schwabe	Buttloch	ex.Apotheker	Michaelis (in Gegenw. v. Dr.Kunckell)	5. Juli 1898
303	Hermann	Beck	Kaldenkirchen	ex.Apotheker	Michaelis (in Gegenw. v. Dr.Kunckell)	5. Juli 1898
304	Hermann	Schmidt	Grambon	ex Apotheker	Michaelis (in Gegenw. v. Dr.Kunckell)	13. Juli 1898

Laboratorium für allgemeine Chemie, Technische Hochschule Stuttgart.

Sommer-Semester 1898. Vorstand: C. Hell.

Aufgedruckte No. der Zeugnisskarte	Vorname	Zuname	Geburtsort	Vorbildung	Examinatoren	Datum der Ausfertigung
881	Heinrich	Wieland	Pforzheim	Gymnasial-abiturient	Hell Kehrer	27. Juli 1898
882	Eberhard	Rampacher	Karlsruhe	Real-Gymn.-Abiturient	Hell Kehrer	27. Juli 1898

Chemisches Laboratorium der Universität Tübingen. Sommer-Semester 1898.

Vorstand: H. v. Pechmann.

722	Alfred	Schlesinger	Lichtenfels (Bayern)	—	v. Pechmann E. Buchner Bülow	2. Aug. 1898

Chemisches Laboratorium der königlichen Universität Würzburg.

Sommer-Semester 1898. Vorstand: A. Hantzsch.

151	Alfred	Dilthey	Rheydt (Rheinprov.)	Absolutorium d. Oberreal-schule	W. Wislicenus A. Hantzsch	5. Mai 1898
152	Gustav	Osswald	Zabrze (Oberschl.)	Pharmaceut. Staatsexam. mit Note 1	W. Wislicenus A. Hantzsch	6. Mai 1898
153	Fritz	Hofmann	Wocklum (Westfalen)	Absolutorium d.Real-Gym.	W. Wislicenus A. Hantzsch	24. Mai 1898
155	Arthur	Weinschenk	Mainz	Absolutorium d. Gymn.	W. Wislicenus A. Hantzsch	17. Juni 1898
156	Paul	Bamberg	Bernburg (i. Anhalt)	Absolutorium d.Real-Gym.	W. Wislicenus A. Hantzsch	28. Juni 1898
157	Max	Stern	Gelnhausen	Absolutorium d. humanist. Gymnasiums	W. Wislicenus A. Hantzsch	7. Juli 1898
158	Fritz	Kissel	Ricklingen (v. Hannov.)	Reifef. Prima d.Real-Gymn.	W. Wislicenus A. Hantzsch	14. Juli 1898
159	Ernst	Natho	Zerbst	Reife für Prima	W Wislicenus A. Hantzsch	23. Juli 1898
160	Carl	Neuberg	Hannover	Gymnasial-Maturität	W. Wislicenus A. Hantzsch	23. Juli 1898

E.

Diplom-Schlussprüfungen.

(Vergl. Braunschweiger Statut.)

Technische Hochschule Dresden. Sommer-Semester 1898.

Wilhelm Scheffler (Dresden): Analytische Bestimmung des Fluors bei Gegenwart von Kohlensäure und Fluorgehalt der Zähne.

Hermann von Hadsy (Passau): Darstellung des Siliciums und der Thiosilicate.

Arthur Kettritz (Dresden): Zur Kenntniss der o- und p-Nitro-, sowie Dinitrosalicylsäure.

Johannes Seidel (Dresden): Jod-Derivate einiger aromatischer Alkohole, Aldehyde und Säuren.

Otto Seidel (Dresden): Ueber die Benzoylderivate des Acetonitrils und das p-Toluylacetonitril.

Rudolf Jenichen (Dresden): Einwirkung von p-Toluolsulfinsäure auf aromatische Diazoverbindungen.

Rudolf Nake (Dresden): Ueber Einwirkung der p-Toluolsulfinsäure auf Formaldehyd und Hydroxamsäuren derselben.

F.

Die vorstehenden Register D ergeben also bis zum September folgende

Zusammenfassung:

Ort	Institut	Zahl der ausgestellten Verbandszeugnisse
Aachen	Technische Hochschule	3
Berlin	I. Chemisches Laboratorium der Universität .	2
»	II. Chemisches Institut der Universität . . .	7
»	Organ. Laborat. der Technischen Hochschule	6
»	Anorgan. Laborat. der Techn. Hochschule .	16
»	Technolog. Laborat. der Techn. Hochschule .	3
Bonn	Chemisches Universitäts-Laboratorium . . .	2

Ort	Institut	Zahl der ausgestellten Verbands-zeugnisse
Braunschweig	Laboratorium für synthet. u. pharmac. Chemie der Technischen Hochschule.	1
»	Laboratorium für analyt. und techn. Chemie an der Technischen Hochschule . . .	2
Breslau	Chemisches Institut der Universität	6
Dresden	Technische Hochschule	6
Erlangen	Chemisches Laboratorium der Universität . .	3
Freiburg i. B.	Chemisches Laboratorium, Medicin. Abthlg. .	1
Giessen	Physik.-Chem. Laboratorium der Universität .	5
»	Chemisches Laboratorium der Universität . .	3
Göttingen	Universitäts-Laboratorium	13
Greifswald	Chemisches Institut der Universität	2
Hannover	Organ. Laboratorium der Techn. Hochschule.	2
»	Anorgan. Laboratorium der Techn. Hochschule	1
Heidelberg	Universitäts-Laboratorium	33
»	Laboratorium von Prof. F. Krafft	5
Jena	Universitäts-Laboratorium	6
Kiel	Universitäts-Laboratorium	3
Königsberg Pr.	Chemisches Laboratorium der Universität . .	2
Leipzig	Labor. für angew. Chemie an der Universität	6
»	Physik.-Chemisches Institut der Universität .	1
»	Chem. Laborat. d. Physiolog. Inst. d. Univers.	4
»	I. Chemisches Universitäts-Laboratorium . .	19
Marburg i. H.	Pharmac.-Chemisches Institut der Universität	4
»	Chemisches Institut der Universität	15
München	Chemisches Universitäts-Laboratorium . . .	12
»	Labor. für angew. Chemie an der Universität	6
Rostock i. Meckl.	Chemisches Laboratorium der Universität . .	12
Stuttgart	Labor. f. allgem. Chemie d. Tech. Hochschule	2
Tübingen	Chemisches Laboratorium der Universität . .	1
Würzburg	Chemisches Laboratorium der Universität . .	9

Es wurden also bis jetzt insgesammt **224** Verbandszeugnisse ausgestellt, hiervon 182 an 14 Universitäten und 42 an 6 Technischen Hochschulen.

Druck von Oskar Leiner in Leipzig. 44468

Kolibri 360 GmbH
Ferdinand-Jühlke-Straße 7
99095 Erfurt, Deutschland
produktsicherheit@kolibri360.de